基地のない沖縄をめざして
現状と前途を考える

日本共産党　不破哲三前議長の講演会

2016年3月16日夜、那覇市民会館で実行委員会主催の「不破哲三講演会」が開かれ、日本共産党の不破哲三前議長が、「沖縄県民が主人公の、基地のない平和な沖縄をめざして」と題した講演を行いました。このパンフレットはその全記録です。

目次

寄せられたメッセージ

沖縄県知事　翁《お》長《なが》　雄《たけ》志《し》

はいさい、ぐすーよー　ちゅううがなびら。

沖縄県知事の翁長雄志です。

本日は、ここ那覇市民会館大ホールでの不破哲三氏の「県民が主人公　基地のない平和な沖縄をめざして」の講演会、開催にあたり御挨拶を申し上げます。

講師の不破哲三様を始め、ご来場の皆様には、日頃から県政の発展に深い御理解と多大なる御協力を賜り、厚くお礼を申し上げます。

不破様におかれましては、日本共産党の委員長、議長を歴任され、復帰以前から、沖縄の基地に関わる問題に取り組んでこられるとともに県民生活、福祉の向上にご尽力いただいております。

また沖縄県民の辺野古新基地建設を阻止するための取組へ深いご理解を賜り、厚く御礼申し上げます。

米軍基地の問題は、沖縄県の宿命的な課題であります。

私は、知事に就任以来、県民との公約を守り、普天間基地の県外移設、辺野古新基地を絶対に造らせないとの立場で全力を尽くしてまいりました。

うちなーんちゅの尊厳を守り、誇りある豊かさを手に入れるために、今後も皆様とともに「辺野古に新基地は作らせない」という、変わらない沖縄の民意を示してまいりたいと思います。

結びに、講師の不破哲三様及び実行委員会の皆様の今後ますますの御活躍と御発展、ならびに御来場の皆様の御健勝を祈念し、挨拶といたします。

辺野古新基地建設を断念させるまで、ともに頑張りましょう。

いっぺー　にふぇーでーびる！

オール沖縄会議共同代表　呉屋《ごや》　守将《もりまさ》

いま日本の政治が大きな分岐点を迎えようとしています。

だからこそ、平和と民主主義の大きな矛盾を抱えている、この沖縄から日本の政治を変えていかねばなりません。

一昨年の沖縄県知事選挙におきましては、共産党の皆さまには柔軟な発想によるオール沖縄の大同団結によって、翁長雄志知事の誕生に大きく貢献していただきました。あらためて感謝を申し上げます。また、志位和夫委員長が提案された、野党連立政権構想は、多くの国民が求めている、野党共闘による国政選挙協力への大きな引き金ともなりました。

不破先生の、切れ味鋭い弁説には、私も学生時代より尊敬の念を抱いており、昨今の日本の政治状況を鑑みますと、御党には多くの国民の視点に立ち、一段と大きな役割を担って頂きますよう期待をしております。

今後とも、お力添え賜りますようお願い申し上げます。

来賓あいさつ

那覇市議会議長　金城《きんじょう》　徹《とおる》

はいさい、ぐすーよー　ちゅううがなびら。（**拍手**）

本日は不破哲三先生の講演会にお招きをいただきまして、本当にありがとうございます。ただいまご紹介いただきました那覇市議会の金城徹でございます。

一昨年の県知事選挙、市長選挙、それに続く衆議院選挙。私ども保守と多くの県民、それから共産党をはじめ革新政党が一つになって、沖縄の歴史を変える状況を生みだしました。本当にありがとうございました。（**拍手**）

翁長知事は私どもと一緒に政治をしていく中で、保守のエースだったんですが、いつのまにか県民全体のエースになってしまいました。（**笑い、拍手、指笛**）

私はその後、いろいろなかたちでマスコミの前で発言をするときに、「オール沖縄」の中で今しっかりと存在をしめしている共産党をはじめ革新政党、そのなかにあってともすると私たち自民党を追い出された側の保守は（**笑い**）、非常に存在が小さくなってしまいました（**激励の声、拍手**）。ありがとうございます。

私はよく「良質な保守」と言っておりますが（**笑い、拍手**）、安倍さんとは違う。すべての保守が安倍さんと一緒ということではございません。沖縄の保守、やはり県民とともに歩んできた「良質な保守」が、存在感をしめしていかなければいけないという現状だと思います。しかも仲間を募って、しっかりと立ち位置をつくって、この「オール沖縄」をみなさんと一緒に支えて参りたいと思います（**拍手、指笛**）。それでこそ本当の「オール沖縄」ですね、力強く未来にはばたいていくんだと思います。（**拍手**）

一昨年の衆議院選挙で、私も初めて共産党の車に乗って（**笑い**）、赤嶺代議士の応援をさせていただき

ましたが、その時に不破先生あるいは志位先生ともご一緒させていただきました。

先だってあるニュースをみていると、志位先生が沖縄のたたかいで大変勇気づけられたというお話をされておりました。おそらく今の動き、野党共闘をしていこう、安倍政権を倒そうというのが、そのスタートだったのかもしれません。（**拍手**）

ぜひともその思いを、沖縄だけにとどめるのではなくて、全国に広めることができれば、みなさんとともに日本の政治を変えていけるのではないかなと思っております。（**拍手、指笛**）

今日は不破先生の話も楽しみにしながら、そういった日本が変わっていくきっかけになっていけばと思っております。

本日はどうもありがとうございました。（**拍手、指笛**）

基地のない沖縄をめざして現状と前途を考える

日本共産党前議長　不破　哲三

パンフレットへの掲載にあたって、整理・補筆をおこない、注をくわえました。

占領下、最初の沖縄訪問

国政参加選挙の支援に

みなさんこんばんは。日本共産党の不破哲三でございます。

私が沖縄を訪問するのは、今回で四五回目です（拍手）。最初に来たのは一九七〇年、私がまだ四〇歳の時でした。日本共産党は、米軍占領下の沖縄にはそれまでまったく上陸できなかったのですが、国政参加選挙［★］ということになって、国会議員と国会秘書に限って沖縄に入ってよろしいという米軍との取り決めができました。それで、国政参加選挙が始まる三日前、一〇月二〇日に、初めて沖縄を訪ねることができました。戦前戦後を通じて、日本共産党が沖縄で公然と活動するというのは、国政参加選挙のこの時が、実に初めてのことだったのです。

★ **国政参加選挙**　一九六九年一一月、日米首脳会談で、施政権返還を取り決めた日米沖縄協定が調印されました。この協定を審議する国会に、沖縄を代表して参加する国会議員（衆議院五名、参議院二名）を選ぶために、一九七〇年一一月一五日投票で行なわれた選挙のこと。

そして、この訪問にあたって考えました。これから活動してゆくためには、どうしても活動の拠点となる事務所がいる。現在は国会議員の関係しか沖縄入りが認められていないのだから、「日本共産党国会議員団連絡事務所」ということなら、占領下の沖縄でも成り立つだろう、そう考えて久茂地川《くもじがわ》のほとりの建物の一室を借りました。今日もそこへ行って見ましたが、丸木ビルに様変わりしていました。そして、到着した日に、琉球政府や各政党、団体をまわってあいさつをし、一〇月二〇日の夜、そこで日本共産党としての「事務所開き」をやったのです。その時に、当時の「琉球政府」主席だった屋良朝苗《やらちょうびょう》さん、沖縄人民党委員長の瀬長亀次郎《せながかめじろう》さん、社会大衆党の書記長だった平良幸市《たいらこういち》さん、沖縄の革新共闘会議の事務局長の福地昿昭《ふくちひろあき》さん、そうした方々が参加されて、大変あたたかい歓迎を受けました。私たちにとって、非常にうれしいことでした。

　そこから私たちの活動が始まったのですが、その翌々日、明日から選挙だという時に、この会場の近くの与儀《よぎ》小学校校庭で沖縄人民党の総決起大会がありました。「瀬長亀次郎さんを衆議院に、喜屋武《きやん》真栄《しんえい》さん（革新統一候補）を参議院に」、こういうスローガンで

講演する不破哲三氏＝2016年3月16日、那覇市

開かれた集会でした。そこで初めて私は沖縄のみなさんに訴えたのですが、これが、日本共産党として沖縄のみなさんの前で演説をした、歴史上最初の機会になったと思います。

　この時に、会場に行ってみて、なるほど沖縄流だなと思ったのですが、舞台作りがふるっていました。トラックを後ろ向きにずらっと並べて、その荷台が舞台と演壇になる。沖縄では演説会はこういうやり方なのだなと思いました。しかし、夕方、暗くなってもなかなか人が集まらないのです。よくよく見ると、演壇を遠く囲んだ木陰の暗闇にたくさんの人影がありました。〝共

産党とは何者だろう〟ということで遠巻きにご覧になっているようでしたが、次第に演壇前に集まって、七〇〇〇人の大集会になりました。（**拍手**）

実は沖縄で話をするときに、なかなか難しいことが一つありました。私たちは政府を批判するときに、本土では自民党、自民党と言います（**笑い**）。ところが沖縄でそれを言うと人民党と間違えられるんですね（**笑い**）。ですから沖縄に来ると、「自由民主党」と言わなければならない。そういうこともいろいろ覚えながら、話をしたものでした。

その時、選挙の序盤戦の三日間、瀬長さんと一緒に沖縄を走り回りました。この国政参加選挙は期間が長く、一一月一五日の投票日まで三週間以上もあったものですから、選挙戦の終盤にまたやってきました。最後の訴えは確か、人民党がいつも最後の訴えをやるところだという「平和通り」だったと思います。そこで瀬長さんと一緒に訴えました。

この選挙期間には、いろんなことがありました。確か西海岸の村だったと思いますが、日本共産党の議員の人が応援弁士として演説会に行きました。村の方々が〝共産党とはどんな顔をしているんだろう〟（**笑い**）とおそるおそる集まってくださった。帰ってから、〝角《つの》がなかった〟（**爆笑**）というのが大話《おおばなし》になった。こんな話も出てくるほど、国政参加選挙は、沖縄と日本共産党との初めての出会いだったのでした。

そして、この出会いは本当にあたたかい歓迎に包まれましたし、私たちはまた、沖縄のみなさん方の祖国復帰の熱意に打たれた、大変深い思い出を残す出会いとなりました。

最後の訴えを終えた翌日が投票日、開票日は一一月一六日になりました。朝からみんなが集まって開票を待ったのです。午前九時四四分、早くも「瀬長当確」の報が入りました。瀬長さんや今日もおいでになっている古堅実吉《ふるげんさねよし》さんと一緒に万歳をやったのですが、万歳の声をあげた途端に、私の声がまったく出なくなってしまったのです（笑い）。私はもともとのどがあまり強くない方でしたが、その時は、かすれ声も出ない。完全に声を失ったのです。数時間したら治りましたが、〝選挙中でなくてよかった〟とつくづく思いました。

続いて翌一九七一年の三回目の訪問では、八月二五日から九月五日まで、一二日間滞在しました。沖縄協定の国会審議を前にした基地の実態調査が主目的で、そのために北は辺《へ》戸岬《どみさき》から南は喜屋武岬《きやんみさき》まで、沖縄全土を回りました。また日本共産党というものをみなさんに知ってもらいたいということで、「人民大学」の教室を那覇とコザ、いまの沖縄市ですね、それから石垣、その三カ所でやりました。九月一日からは日本共産党の機関紙「赤旗」の配達を沖縄でも開始しましたので、私が最初の配達役になって、豊見城《とみぐすく》の村長だった又吉一郎《またよしいちろう》さんのところへ届けました。これが、沖縄での「赤旗」配達第一号でした。（**拍手**）

祖国復帰をかちとった沖縄県民の団結の力

そんなことをいろいろとやりながら、沖縄のみなさん方とも交流を始めた、これが私の

不破哲三氏の講演を聞く人たち＝2016年3月16日、那覇市

沖縄とのつながりの出発点でした。

その時に、私が本当に強く感じたのは、条約上では日本に沖縄を返還する規定がまったくないその沖縄で、この難関を突破して沖縄祖国復帰を勝ち取ったのは、まさに沖縄のみなさんの団結の力だったということです。（**拍手**）

古い話になるので覚えていない方もおられるかもしれませんが、沖縄のそういう地位は一九五一年にサンフランシスコで結んだ平和条約、そこで決められました。どういう決め方をしたかと言うと、

——将来、沖縄は国連の信託統治制度の下に置く、その時にはアメリカが施政権者となる。

——その提案が行われ国連で承認

されるまでは、今まで通りアメリカが統治の全権を握る。こういうことです。これが平和条約第三条［★］で決めたことで、どちらに転んでも、沖縄の統治権を握るのはアメリカ、そこからの出口はないのです。

★ **サンフランシスコ平和条約の沖縄条項**　この条約の沖縄条項は、次のとおりです。

第3条　日本国は、北緯二十九度以南の南西諸島（琉球諸島及び大東諸島を含む。）、孀婦岩の南の南方諸島（小笠原群島、西之島及び火山列島を含む。）並びに沖の鳥島及び南鳥島を合衆国を唯一の施政権者とする信託統治制度の下におくこととする国際連合に対する合衆国のいかなる提案にも同意する。このような提案が行われ且つ可決されるまで、合衆国は、領水を含むこれらの諸島の領域及び住民に対して、行政、立法及び司法上の権力の全部及び一部を行使する権利を有するものとする。

占領下、最初の沖縄訪問

こうして、条約上、まったく不可能とされていたその難関を打ち破って、沖縄の日本復帰を実現したのは、まさに沖縄のみなさんの団結の力でした。

なかでも決定的だったのは、一九六八年に沖縄で初めて実行された「琉球政府」の主席選挙、そこで革新共闘の屋良朝苗さんが勝利した。勝利した票をみますと、二三万七六四三票対二〇万六二〇九票ですから、三万票あまりの差でしたが、過半数を祖国復帰勢力が握った。この事実を、あのアメリカ政府でも認めざるを得なくなって、条約上は不可能だった祖国復帰に沖縄の団結の力が道を開いたのでした。

そこに発揮された力のすごさを、私は国政参加選挙にくわわりながら、つくづく感じたものです。
〝沖縄が一つに団結した時に、どんな壁でも破れる〟。まさにそのことを実証したのが、五〇年代、六〇年代にたたかわれたみなさんの祖国復帰闘争でした。私はそのことを、沖縄を最初に訪問した祖国復帰当時の経験をふりかえりながら、今日の闘争でもいよいよ強く感じているところです。
いま、新基地建設反対のたたかいでは、当時よりもさらに進んで「オール沖縄」の団結が実現しました。一九六八年の主席選挙が沖縄返還に道を開いたように、辺野古《へのこ》の新基地建設絶対反対のたたかいの勝利の道を、「オール沖縄」の力で再び大きく切り開こうではありませんか。（**大きな拍手**）
そのためにも、目の前にある六月の県議選、七月の参院選の勝利で、沖縄の心を、安倍政権にアメリカに、そして世界に示そうではありませんか（**大きな拍手**）。私は、そのことをまず強調したいのであります。

沖縄問題　四つの角度から考えたい

そういう沖縄のたたかいのなかですから、あらためて「沖縄問題」とは何なのか、その本質はどこにあるか、ということを、みなさんと一緒に考えてゆきたいと思います。

そのために、四つの問題を立てました。

第一は、戦争が終わった時に、沖縄はなぜ日本本土から切り離されてあんな目に遭わされたのかという問題であります。

第二は、その沖縄にアメリカはどんな基地をつくったのか、この問題です。

第三は、いまみなさんがたたかわれている辺野古新基地建設、アメリカはそこで何を目的にしているのか、です。これもきちんと見定める必要があると思います。

第四は、言うまでもなく、みなさん方のたたかいの展望であります。

これらが、今夜、私がみなさんと一緒に考えたい四つの問題であります。

第一の問題 なぜ、沖縄は日本から切り離されたのか

沖縄の占領継続は「カイロ宣言」に反する

まず第一は、戦争が終わった時に、沖縄は、なぜ日本本土から切り離されたのか、です。

「戦争に負けたからだ」、こういうことがよく言われています。しかし、みなさん、あの戦争の時に、連合国はわれわれが勝った時に日本に対してこれだけのことを要求するとい

う条件をあらかじめはっきり決めていました。領土の問題も決めています。それが、一九四三年一一月二七日にアメリカ、中華民国、イギリスが結んだ「カイロ宣言」です（発表は一二月一日）。ソ連が参加した「ポツダム宣言」（一九四五年七月）にも、〝カイロ宣言の条項は履行しなければいけない〟と書きこまれました。

そこに日本は沖縄をどこか外国に引き渡すと書いてあったでしょうか。沖縄のことなど、一言も書いてないのです。

「カイロ宣言」［★］を読みますと、「同盟国」、これは連合国のことです。まず〝同盟国は自国のためには利得は求めない。領土の拡張はしない〟とはっきり書いてあります。

では、日本に何を要求するのか。四つあります。

一つは、第一次世界大戦のあとで日本が奪い取ったり占領したりした太平洋のすべての島を日本から取り上げること。

二つは、満州、台湾、澎湖島《ほうことう》のような日本が清国から取り上げたすべての地域を中国に返還すること。

三つは、日本を、暴力および強欲によって手に入れた他のいっさいの地から追い払うこと。日露戦争でロシアから取り上げた南樺太《みなみからふと》などがこれにあたります。

最後に、朝鮮の人民の奴隷状態に注目し、朝鮮を自由・独立の国にすること。

これが連合国が決めた戦争目的の、領土問題にかかわるすべてです。沖縄はまったく問題になっていません。だから、沖縄がアメリカの手に入ったのは、「戦争に負けたから」

ではなかったのです。

★**カイロ宣言**　カイロ宣言の関係部分の文章は、次の通りです。

「同盟国は、自国のためには利得も求めず、また領土拡張の念も有しない。同盟国の目的は、千九百十四年の第一次世界戦争の開始以後に日本国が奪取し又は占領した太平洋におけるすべての島を日本国からはく奪すること、並びに満洲、台湾及び澎湖島のような日本国が清国人から盗取したすべての地域を中華民国に返還することにある。日本国は、また、暴力及び強慾により日本国が略取した他のすべての地域から駆逐される。

前記の三大国は、朝鮮の人民の奴隷状態に留意し、やがて朝鮮を自由独立のものにする決意を有する」。

ただ、「カイロ宣言」に書いていないことで、戦後起こった領土問題が一つありました。それは、千島問題です。これは、一九四五年二月、ヤルタでの会談で、ソ連がアメリカ、イギリスに要求して決めたことでした。これは、明らかに、自国の「利得」を求めず「領土拡張」はしないとした「カイロ宣言」に反する取り決めであり、しかも、戦争が終わった後に初めて明るみに出た秘密の協定でした。ですから、私たち日本共産党は、いままでも、ヤルタ協定は認められない、そこでの千島問題の決定は戦後処理の原則に反するものだから、それを取り消して千島列島全体を日本に返すことを、主張し続けているのです。

ところが、沖縄に関しては、連合国のあいだで、秘密協定も含めて、どんな取り決めもありませんでした。戦争の過程では、軍事占領などは起こりますが、戦争が終わって講和条約が結ばれたら、当然日本に返ってきて、みなさんが、その日から日本の国民の一員として生活をする、これが当然の成り行きでした。

それを戦後、長い間、アメリカの施政権下においたのは、連合国が決めた戦争目的に反するアメリカの本当に勝手な行動だったのです。

だいたい、第二次世界大戦は日本、ドイツ、イタリアが起こした侵略戦争でした。この三国が戦争に敗北しました。しかし、これらの敗戦国のなかで、その国の一部がひきつづき他国の占領状態におかれ、その地域全体が他国の軍事基地になってしまった、こんなことは、沖縄のほかにには、どこにもないのです。

アメリカの無法行為を国連の名でごまかす

その無法をかさね、インチキな条項をつくって沖縄を日本から取り上げたのが、実はサンフランシスコ平和条約の沖縄条項でした。

さきほど私は、平和条約の第三条、沖縄についての条項を紹介しました。将来、沖縄は国連の信託統治制度の下に置く。それまでの間は、アメリカがいまの状態で統治権を握る、こう書いてあったでしょう。

しかし、国連の「信託統治制度」というのはどういうことか。国連憲章にちゃんと書いてあります。まだ文化的にも政治的にも遅れていて、そのままでは独立する能力がないと思われる地域に対して、国連が一定期間援助をして独立できるように導く、このことを主目的にしているのが「信託統治制度」なのです［★］。

★ **信託統治制度**　戦後、この制度が実施されたのは、アフリカの七地域（西カメルーン、東カメルーン、ソマリランド、タンガニーカ、西トーゴランド、東トーゴランド、ルアンダ＝ウルンディ）および太平洋の四地域（西サモア、太平洋諸島、ナウル、ニューギニア）でしたが、一九六〇～八〇年代にすべてが解決され、現在、独立国家として国連に加盟しています。

みなさん。沖縄が文化的にも遅れ政治的にも遅れて、アメリカが協力して導かなければ独立できないような、そういう未開の国、未開の地域でしょうか。とんでもない話です（「**そうだ**」**の声**）。国連の名前を持ちだして、さも国際的にはまともな仕掛けであるような見せかけをつくった。これが、あの強引な沖縄切り離し条約の実態だったのです。

しかも、国連憲章には、こういう条項までであります。「国際連合加盟国の間の関係は、主権平等の原則の尊重を基礎とするから、信託統治制度は、加盟国となった地域には適用しない」。

講和条約を結んだら、日本がまもなく国連加盟国になるのは当然のなりゆきです（現実には一九五六年に国連加盟）。その日本の一部を信託統治地域にするということは、国連憲章上、この面からいってもありえないことでした。そういう無法をかさねた無理な沖縄条項をつくり、それによって長い間みなさんをアメリカの支配下に追い込んできた、これがサンフランシスコ平和条約の実態だったのです。

しかも、そのアメリカのたくらみに、当時の日本の支配勢力――占領下の日本の状況については、「日本政府」というだけでは済まない問題があるので、あえて「日本の支配勢力」という言葉を使うのですが――、この勢力が迎合したり、追随・協力したりした。これも大問題です。

このように、そもそもの出発点が間違ったものであること、そこからいっても、沖縄のみなさんには沖縄を本当に自分たちの手に取り戻す当然の権利があるということ、このことをしっかり肚《はら》にすえて、沖縄のこれからを考えたいと思います。（拍手）

第二の問題　アメリカは沖縄にどんな基地をつくってきたか

（一）世界に例のない米軍横暴勝手の基地

次に、アメリカはどんな基地をつくってきたのか、という問題です。この点では、二つの面から見なければなりません。

一つは、アメリカがこんな横暴勝手な振る舞いをしている基地は、世界の他の国には存在しないということです。

数日前にも、アメリカ兵による新たな暴行事件が起きて、大問題になっています。こういう問題が絶えず起きるのも、その背景には、世界でも例のない米軍の横暴勝手が天下御免でまかりとおっている日本と沖縄の現実がある。私はまず、そのことをはっきり言いたいと思います。

返還後は、米軍占領下の基地から、安保条約にもとづく基地に性格は変わりました。しかし、性格がこう変わっても、米軍の横暴勝手という点では、まったく変わりがないのです。

では、同じ敗戦国、イタリアやドイツではどうなのか。

イタリアの場合

私は一九七七年一月にイタリアを訪問しまして、アメリカ軍基地の実態を見て驚きました。ナポリという街があります。地中海に面した美しい港町です。そこがアメリカの第六艦隊、地中海艦隊の基地になっていました。アメリカ海軍の基地といえば、私たちは横須賀とか佐世保をすぐ思い出します。大きな地域をアメリカが占領して、そこに堂々とアメリカの軍艦が横付けになって、勝手な振る舞いをしている。ところがナポリに行ってみますと、ナポリ湾の海の上に、二隻の航空母艦がただ浮かんでいました。海岸に横付けになっていないのです。だいたい、ナポリには、航空母艦が横付けできるような施設はないのです。

これが地中海艦隊の基地なのか、と驚きましたが、夜、市長さんに会っていっそう驚きました。市長選が終わって共産党員の市長が誕生したあとでした。その市長さんが言うのです。〝私が当選したら、アメリカの艦隊の司令官がすぐに来て、今までのようにいてもいいだろうか、と聞いた〟（笑い）。政府が変わったのではないのですよ。自分がいる港の市長が変わっただけで、アメリカの軍艦が今までのようにいてもいいのか、と聞きに来た。だから、市長は、〝あなた方は国と国の条約でここにいるのだから、われわれは反対しない。どうぞご自由に、海の上にいてください〟と答えた、という話でした。

敗戦国イタリアであっても、そういうのが、アメリカ軍基地の実情でした。

最近、イタリアの空軍基地を、日本のジャーナリストが訪ねた時の記事を読みました。その基地にはアメリカの空軍部隊が配備されているのですけれど、基地の司令官はイタリアの軍人で、〝ここはイタリア軍の基地で、私が基地全体の司令官です。その基地の一部を米軍に貸しているだけです〟と、堂々と回答したといいます。

ドイツの場合

ドイツはどうだろうか。ドイツはヨーロッパ侵略戦争の震源地、ヒトラーのドイツです。イタリアのように、国民の解放運動のなかで解放されたわけではなく、ヒトラーが最後の最後まで戦争を続け、それで敗北した国ですから、イタリアのようなわけにはゆかなかった。日本で安保条約の改定があったのは一九六〇年です。いまの地位協定はその後で結ばれたわけですが、ドイツではその少し前の一九五九年に、駐留米軍についての地位協定が結ばれたとのことです。

内容は、日本の地位協定に近い内容のものだったようですが、違うのは、それからあと、ドイツ側が要求して、七一年、八一年、九三年と、三回も地位協定の改定をかちとっていることです。

なかでも、九三年の改定は私たちが見てもびっくりするようなものです。沖縄のみなさんが、自分のところの状態とくらべたら、それこそ〝世界ではこんなことがあるのか〟と思われるかもしれません。それほど根本的な改定をやりました。

内容の一部を紹介しますと、まず、ドイツの国内法（航空法を含む）を米軍も順守するということが大原則です（地位協定第四六、五三条）。いまの沖縄はどうですか。日本にどんな航空法があっても、米軍はそんなものは一切無視します。自分の国アメリカに航空法があっても、ここはアメリカじゃないから守る必要がない。まったくの無法状態で、低空飛行であろうが、爆音をまきちらそうが、なんでもできます。ところがドイツでは、国内法を厳守する。飛行禁止区域、低空飛行制限なども、ドイツの国内法を厳守する、ということが、地位協定にちゃんと書いてあります。日本では、本土でも各地で問題になっている市街地での離発着地訓練（タッチ・アンド・ゴー）などは、もってのほかです。

それから、「ドイツの公共秩序および安全が危険にさらされている場合」には、ドイツの警察が、米軍の基地内で警察権を行使することができる（第二八条）。重大事態のさいには、ドイツの警察が基地内に入って警察権を行使する。そのことまで、地位協定にきちんと明記されています。

さらに、環境保全原則というのがあります（第五四A・B条）。「米軍当局は、あらゆる軍事活動計画について、それが環境を破壊しないかどうか、環境との適合性について調査する責任を負う」。米軍自身が、環境問題について自分が調査する責任を負わされているのですよ。必要な場合はドイツの「政府・州・地方自治体」、日本なら国と県や市町村ですが、これらの当局が環境調査のために基地内に立ち入ることも認められています。その環境調査の範囲も厳格です。「人間、動物、植物、土壌、水、空気、気候および景観に与える可能性のある、環境上、重要な意味を有する影響」、これらが全部調査の対象になります。

だから、ドイツでは、いま沖縄で起こっている事態――辺野古の海を海底まで荒らし、ジュゴンをけちらす環境破壊など、考えられないことでしょう。そういう環境保護の実情を監視するために、ドイツの国や州、自治体当局が基地内に立ち入り調査できる。緊急の場合は事前通告なしにやることも可能だ、こういうことまで書かれています。

基地内の演習についても、国内法が適用されます。そして、ドイツの当局への事前通知と許可が条件となっています（第四五条）。

基地の外での演習については、ドイツの国防大臣の承認が必要だし（第四五条）、空域での演習も、ドイツ当局の承認が必要です（第四六条）。

九三年の改定では、こういうことを全部米軍に認めさせました。その時のドイツ政府は、キリスト教民主同盟のコール氏を首相とする、いわば保守政権でした。

この政府をこういう交渉に動かした原動力は、もちろんドイツ国民・市民の声でした。しかし、交渉に当たったアイテル法務局長は、国民もがんばったが、政府もがんばったんだと言って、こう述べています。

「ドイツ政府も今こそ主権国家として、自国のことは自分たちで決めるときだと考えて交渉した」。（**拍手**）

まさに国民の声に政府が応えたのです。

敗戦国のイタリアもドイツも、条件はちがうけれど、沖縄のような状態はどこにもないのです。日本のような、国内法無視の無法状態が横行している米軍基地は、日本の本土と沖縄以外、世界のどこにもないということを、私はみなさんにはっきり報告したいのであります。（**拍手**）

（二）どんな任務をもった基地なのか

次は、沖縄の米軍基地は、どんな任務をもった基地なのか、という問題です。ここには、二つのきわめて重大な問題があります。

殴り込み部隊の攻撃発進基地

沖縄米軍の主力である海兵隊は、海外への〝殴り込み攻撃〟を主な任務、専門任務とする部隊です。だから正式な名称も、第三海兵遠征軍でしょう。「日本を守る」、「沖縄を守る」という任務は、かけらもないではありませんか。だから、ベトナム戦争が始まったときには、沖縄からの長距離爆撃もやりましたし、ダナンでの海兵隊上陸作戦もやりました。その後の中東戦争でも、沖縄からしょっちゅう出撃しては、沖縄に帰ってきています。

この部隊が沖縄を守る、日本を守る、そういう任務を持っていないことは、私たちが言っているだけではないのです。アメリカの責任ある当局者が公式に言明していることです。たとえば、レーガン政権の時代、一九八二年四月、ワインバーガーというアメリカの国防長官はアメリカの上院歳出委員会でこう発言しました。

「沖縄の海兵隊は日本の防衛にはあてられていない」。

はっきり言うのですよ。沖縄の海兵隊の任務には日本の防衛など入っていない。発言は続きます。

「（海兵隊は）第七艦隊の海兵隊であって、第七艦隊の作戦区域である西太平洋、インド洋のいかなる場所にも出かける任務をもっている」。

なにせ〝殴り込み部隊〟ですから出撃専門であって、防衛の任務はまったく持っていないということを、明言しています。

しかも、いまの安保条約では、どこへ出撃しようと、自由勝手にできるのです。

形の上では「事前協議」という取り決めがあって、沖縄あるいは日本の本土から直接出て外国を攻撃するときには、日本との事前協議が必要だとされています。しかし、それを問題にすると、外へ出たあとで攻撃の命令が出たのだとか、途中でほかの基地へ寄ってから出撃したのだとかいった言い訳が用意されています。ですから、七二年の返還以来、沖縄の海兵隊は中東などでの戦争のたびに海外出撃をやってきましたが、日本政府と事前協議をやったことは一度もありません。

だいたい、海兵隊のような、他国への攻撃を専門の任務とする部隊に、自国の領土を基地として貸す国が、どこにあるでしょうか。日本以外どこにもありません。アメリカの海兵隊が出撃基地として自由に使っている外国基地は、この沖縄にしかないのです。

このように、海兵隊の基地を提供していること自体が、世界の常識からいってきわめて異常なことなのです。

核戦争の前線基地

沖縄から核戦争——この計画が二度もあった

もっと重大な問題があります。

沖縄は、アメリカが核戦争の決意をしたときに、他国を核兵器で先制攻撃する巨大な最前線基地になっているということです。これは絵空事ではありません。占領時代に、分かっているだけでも、実は沖縄が二度も経験していることなのです。

今年の二月、NHKの番組で、一九六二年の〝キューバ危機〟のドキュメンタリー番組が再放映されました（最初は昨年放映）。そこでは、驚くべきことが報告されました。

キューバ危機というのは、キューバに革命政権が生まれ、その政権が一九六二年にソ連と提携し、そこへソ連が核兵器を持ち込み始めたのです。アメリカがこれは大変だと、対抗措置を取り始めた。結局、最後には和解して、ソ連が核兵器を撤去させたのですが、その時のアメリカ軍部の対応の状況をこのドキュメンタリー番組では、こう描きだしていました。

〝空軍参謀総長ルメイが、ソビエトに対して先制核攻撃をすべきだと大統領（ケネディ）に提案した。ソビエト全土にわたって七〇〇〇メガトン、広島型原爆でいえば四六万個分にあたる核ミサイルを、ソビエト全土に撃ち込む〟。

〝核ミサイルの発射基地はアジアにもあった。米軍統治下の沖縄。密かに一三〇〇発の核弾頭が持ち込まれ、三二基の核ミサイルが配備されていた。射程距離内にソビエトの一部と中国が入る。あとは大統領の命令を待つばかりだった〟。

沖縄のみなさんが誰も知らない間に、沖縄全土が核戦争の瀬戸際に立たされ、沖縄は一三〇〇発の核兵器の発射基地とされていたのです。ケネディ大統領がそれを認めなかったために、この計画は実行に移されませんでしたが、この時、一三〇〇発の核弾頭が沖縄にあって、発射の命令を待っていたということは、確実な事実です。

二回目の危機がこれに続きました。ベトナム戦争です。その時、アメリカは、ベトナムを支援するソ連と中国に対して、沖縄から核攻撃をする準備までしていました。

今年の二月、当時沖縄に配備されていたアメリカの三種の核兵器の写真が公表されて話題になり、当時の沖縄への核配備の状況があらためて報道されました。どういうことかというと、一九六七年に、アジア・太平洋地域に約三五二〇発の核兵器が配備されていました。その内訳は、グアムに五〇〇発台、韓国に九〇〇発台、これにたいし、沖縄にはなんと約一三〇〇発。ここでもまた一三〇〇発ですが、この時も、アジア・太平洋地域で最大の核兵器が沖縄に集中したのでした。この数字は、機密指定を解除されたアメリカ国防総省の文書に出ていたものです。

どちらの場合も、アメリカが核戦争を決断しなかったために、不発ですみましたが、もしこれらの作戦が現実のものになっていたらどんなことが起きていたでしょう。攻撃された相手国が、第二の攻撃を防止するためにも、攻撃の拠点となっている地域に反撃をしてくるのは当然予想されることです。先制核攻撃をしたアメリカの部隊はさっさと退避するでしょうが、沖縄は退避のしようがありません。そこが相手国の核反撃の対象になる。沖縄県民が、広島・長崎の数十倍、数百倍の悲劇を体験させられることになります。

こういう事態が、占領中の沖縄では、確認できるだけでも二度も起こっていたのです。

核密約（一九六九年）。沖縄には今も核戦争の体制がある

「それは過去の話だろう。七二年に〝核抜き〟返還が実現したじゃないか」。こういう方がいるかもしれません。しかしそれは表向きのきれいごとの話です。

あの沖縄返還協定を結んだ日米首脳会談では、公式に発表された協定のほかに、沖縄県民、日本国民の願いを裏切る核の密約が結ばれていたのです。

一九六九年一一月二一日、日米両政府——日本を代表して佐藤首相、アメリカを代表してニクソン大統領の会談が行われ、沖縄の返還の協定が調印されました。

その会談の途中、少し休憩をしようということになった。その休憩のとき、佐藤首相とニクソン大統領の二人が隣の部屋に消えたことがありました。ごく短時間で、二人は会談場に戻ってきましたが、この時、二人だけの密室で、「佐藤・ニクソン核密約」と言われる秘密の文書が結ばれたのでした。

どういう内容か。

第一に、ニクソン大統領がこう提起しました。

「今度、沖縄が核兵器を撤去することになったが、極東の安全に関わる国際的な重要な事態が起きたら、アメリカは沖縄に再び核兵器を持ち込むつもりだ。その時は事前協議をするから、必ずイエスの回答をしてほしい」。

それに対して佐藤首相は、「その時にはアメリカ政府の要求を遅滞なく満たします」。これは、事前協議には必ず「イエス」と答える、という約束です。

第二に、そういう事態に備えるためだとして、ニクソンが言います。

「沖縄には今までに建設した核兵器の貯蔵地がある。これはそのまま残して『いつでも使用できる状態に維持』しておき、重大な緊急事態がおきた時には『活用できる』体制を取っておくことが必要だ」。

ニクソン大統領はこのときに、いま返還の時点で核兵器を置いてある場所として、「嘉《か》手納《でな》、那覇、辺野古」、そして「ナイキ・ハーキュリーズ基地」を挙げました。これらの核兵器貯蔵地は、いつでも核戦争に使えるような体制、つまり核戦争の体制を今後とも維持し続けるよ、という宣言です。

佐藤首相は、そのこともすべて了解の回答をしました。

こういう内容をもった文書に、ニクソンと佐藤首相が署名し合ったのでした。

返還協定が公表された時には、「メースB」などの核兵器の撤去を鳴り物入りで大宣伝し、「核抜き」返還の証拠とされたものでした。しかし、これは、まったく見せかけの演出でした。その裏では、アメリカが核戦争の決断をした時には、占領時代と同じように、沖縄に核兵器を持ちこみ、ここを核戦争の攻撃基地として使います、そのために必要な核関連の施設はすべてのこしておきます、日本政府は米軍のこの行動に全面協力します、こういう秘密の取り決めが、沖縄返還協定に双方が調印するその日に、佐藤首相とニクソン大統領のあいだで結ばれたのです［★］。

★　佐藤＝ニクソン核密約（一九六九年）　全文は次の通りです。

「極秘

一九六九年十一月二十一日発表のニクソン米合衆国大統領と佐藤日本国総理大臣との間の共同声明についての合意議事録

米合衆国大統領

われわれの共同声明に述べてあるごとく、沖縄の施政権が実際に日本国に返還されるときまでに、沖縄からすべての核兵器を撤去することが米国政府の意図である。そして、それ以後においては、この共同声明に述べてあるごとく、米日間の相互協力及び安全保障条約、並びにこれに関連する諸取り決めが、沖縄に適用されることになる。

しかしながら、日本を含む極東諸国の防衛のため米国が負っている国際的義務を効果的に遂行するために、重大な緊急事態が生じた際には、米国政府は、日本国政府と事前協議を行なった上で、核兵器を沖縄に再び持ち込むこと、及び沖縄を通過する権利が認められることを必要とするであろう。かかる事前協議においては、米国政府は好意的回答を期待するものである。さらに、米国政府は、沖縄に現存する核兵器の貯蔵地、すなわち、嘉手納、那覇、辺野古、並びにナイキ・ハーキュリーズ基地を、何時でも使用できる状態に維持しておき、重大な緊急事態が生じた時には活用できることを必要とする。

日本国総理大臣

日本国政府は、大統領が述べた前記の重大な緊急事態が生じた際における米国政府の必要を理解して、かかる事前協議が行なわれた場合には、遅滞なくそれらの必要をみたすであろう。

大統領と総理大臣は、この合意議事録を二通作成し、一通ずつ大統領官邸と総理大臣官邸にのみ保管し、かつ、米合衆国大統領と日本国総理大臣との間でのみ最大の注意をもって、極秘裏に取り扱うべきものとする、ということに合意した。

一九六九年十一月二十一日
ワシントンDCにて
リチャード・ニクソン
佐藤栄作
」

〃私は天下の法廷の証人台に立つ〃

この真相が、どうして明らかになったのか。

若泉敬さんという人がいます。この人は政府の役人ではないのですが、佐藤首相の信頼が厚い人で、六九年七月から一一月まで、首相の密使として何回も訪米し、核密約の事前交渉をやったのでした。アメリカ側の交渉相手はキッシンジャー、当時は大統領の補佐官で、のちにアメリカの国務長官となった人物です。この二人が、先ほど説明した秘密取り決めの文書をつくりあげるとともに、会談中の休憩の取り方、別室での合意と署名の方式まで、全部用意したのです［★］。

★「核抜き」の演出の相談　二人の相談のなかには、核ミサイル「メースB」の移転作業を大々的にやって「核抜き」が本物だという〝裏づけ〟宣伝に使う、という打ち合わせまでありました。これは、佐藤首相の注文によるものでした。

なお、署名の方式は、二人の取りきめでは、互いのイニシャルだけを書く「頭字署名」のはずでした。ところが、ニクソンがまず普通の署名をしてしまい、佐藤首相もそれにしたがった結果、本式の署名文書ができてしまったとのことです。言葉が通じない同士の二人だけの会談ですから、準備したシナリオ通りには進まなかったのです。

ところが、ことがすんだあとで、若泉さんはいろいろ考えたようです。六九年の交渉の時には、アメリカに沖縄返還を認めさせて沖縄の祖国復帰に道を開くには、こうした方策を取らざるをえないと考えたし、いまでも、一方ではその思いがある。しかし、その結果として、沖縄にまた核戦争の重荷を担わせてしまった、はたしてこれでよかったのだろうか。彼はこの矛盾と自責に悩まされ続けたのです。

そしてついに決意して、佐藤・ニクソン会談から二五年後の一九九四年に、この秘密交渉の全経過を明らかにした本を書きました。

本の題は、『他策ナカリシヲ信ゼムト欲ス』（一九九四年、文藝春秋）。これは、日清戦争（一八九四〜九五年）の当時、外交にあたった明治の政治家の言葉［★］からとったものです。あれ以外の道がなかったと信じたい気持ちがあるが、沖縄に対してすまないことをしたという自責の念はいよいよ強くなる。そういう思いをこの本の表題に込めたのだと思います。

★**明治の政治家**　陸奥宗光《むつむねみつ》（一八四四〜九七）のこと。日清戦争の前後の時期に外相として日本の外交にあたりました（一八九二〜九六年）。この言葉は、遺稿『蹇蹇録《けんけんろく》』（九五年）のなかにありました。

本の最初のページには、「鎮魂献詞」として、次の言葉が書かれています。

「一九四五年の春より初夏、
凄惨苛烈を窮めた日米沖縄攻防戦において、
それぞれの大義を信じて散華した
沖縄県民多数を含む
彼我二十数万柱の総ての御霊に対し、
謹んで御冥福を祈念し、
この拙著を捧げる」。

そして次のページに「宣誓」の文章を書きました。〝永い間、遅疑逡巡した。しかしどうしても自分がかかわった歴史の一齣《ひとこま》について私は証言する責任があると思った〟。最初にこう述べた後、次の文章が続きます。
「この決意を固めるに当って、
供述に先立ち、
畏怖と自責の念に苛まれつつ私は、
自ら進んで天下の法廷の証人台に立ち、
勇を鼓し心を定めて宣誓しておきたい。
私自身の行なった言動について
私は、
良心に従って
真実を述べる。
私は、
私自身の言動と
そこで知り得た事実について
何事も隠さず
付け加えず
偽りを述べない。

右、宣誓し、茲《ここ》に署名捺印する」。

ここまでして、この本を出したのです。その二年後に彼はなくなりましたが、服毒自殺とされています。自分から核密約締結の助けをしたことに、沖縄に対する結果責任を痛感し、その責任を果たしたのだと思います。彼の証言によって、秘密交渉の全貌が明らかになりました。

沖縄は、アメリカの占領時代に、キューバ危機のさいにも、ベトナム戦争の時にも、アメリカが他国を核攻撃する基地になる事態に二度も遭遇した。アメリカはいまでも核戦争の態勢を解いていませんから、将来、いよいよアメリカが核戦争を本気でやろうというときには沖縄を使うつもりで、そのための用意をちゃんとしてある。それが、佐藤・ニクソンの核密約なのです。佐藤首相もニクソンもいなくなったけれども、密約そのものはいまも生きていて、沖縄基地を支配しているのです。

この沖縄には、いまも、占領時代と同じように、核兵器を持ち込みさえすればただちに核戦争の攻撃基地として使えるような関連施設が各地にあるはずです。密約には嘉手納、那覇、辺野古、ナイキ・ハーキュリーズの基地、わざわざ書きあげています。そのどこかに必ずいまでも核兵器関連施設が存在しているはずです。ですから、いざという時にはアメリカが膨大な核ミサイル、核爆弾を持ち込んで、沖縄を再び核先制攻撃の基地にする。その基盤が引き続き、温存されているのです。

こういう基地の存続が、沖縄はもちろん、日本の未来、世界の平和を危うくするものであることは明白ではないか。これが私がみなさん方に報告したい、世界の中での極めて異常な沖縄基地の実態であります。

第三の問題 アメリカは辺野古新基地建設で何を目的としているのか

第三の問題。アメリカは辺野古新基地の建設で何を狙っているのか。いま始まりつつある基地の建設は、おそらく沖縄復帰以後、最大規模の基地建設でしょう。

〝殴り込み〟能力の強化

まず第一は、〝殴り込み部隊〟としての海兵隊基地の圧倒的な強化です。

沖縄のような海兵隊の出撃基地は世界のどこにもない、と先ほど言いました。それが、今度の体制で、新たに、抜本的に強化されることになります。

第一に、オスプレイの配備です。私は一九九七年一二月、全国革新懇と沖縄革新懇が共同して名護市で開いた沖縄シンポジウムで報告したときに、この問題をだいぶ調べました。

オスプレイの配備の目的はどこにあるか。

アメリカ海兵隊が相手国に強襲攻撃をかけるやり方には、二つの方法があります。

辺野古新基地建設反対を掲げ、沖縄県民は「オール沖縄」で立ち上がっています。写真は、2015年5月17日に那覇市で開かれた「戦後70年　止めよう辺野古新基地建設！　沖縄県民大会」に集まった人たち

一つは、昔ながらのもので、強襲揚陸艦にたくさんの上陸用舟艇を積んで、それに乗った海兵隊員が海岸から強襲上陸する、というやり方です。今日の話の冒頭に、占領下の沖縄の基地調査で沖縄の海岸線全体を歩いた話をしましたが、その時、辺戸岬を回って東側を南下したとき、金武《きん》の海岸で海兵隊が上陸訓練をやっている現場にぶつかりました。当時は、海兵隊の強襲作戦といえば、上陸用舟艇で相手側の海岸に強行上陸する。これが当たり前のやり方でした。

これにたいして、もう一つの方法は、最近始まったもので、オスプレイのようなヘリコプターで、海兵隊員を空から直接戦場に投入するというやり方です。これは、上陸用舟艇で敵の攻

撃を正面から受けながら上陸するよりはるかに有利なやり方で、いま、これが主流になりつつある。

オスプレイの配備はそのためのもので、沖縄の防衛のためではありません。沖縄防衛には、あんなものはいらないのです。中東へ出て行く、アフリカへ出て行く、あるいはアジアのほかの地域に出て行く。そのときに、沖縄配備の海兵隊が、オスプレイを積んだ強襲揚陸艦に乗って出撃するのです。

シンポジウムのとき調べたことですが、オスプレイは航続距離が三八〇〇キロ、ほかのヘリコプターに比べたら、抜群に長いのです。たとえば、北朝鮮がいま問題になっていますが、もし海兵隊がそこに出撃するということになったら、強襲揚陸艦を使わないでも、オスプレイ部隊は、沖縄から出発して現地に海兵隊員や武器を投下し、自分はそのまま沖縄に帰ってくるという往復作戦もできるのです。海兵隊は、そういう能力をもった強襲部隊に変わりました。

第二は、海兵隊の機動力が抜群に強化されることです。今までだったら、海兵隊の出撃には、なかなか大変な段取りが必要でした。まず海兵隊を戦場に運ぶ軍艦ですが、強襲揚陸艦というと、航空母艦のような格好をした、排水量四万トンクラスの巨大な軍艦です。いまは佐世保基地を拠点にしています。それが沖縄に来るわけですが、これまでは、それを受け入れる拠点は、勝連半島《かつれんはんとう》のホワイトビーチしかありませんでした。あそこには、埠頭《ふとう》も、いわば桟橋《さんばし》が突きだしているだけのもので、大型の強襲揚陸艦の出動準備に備えたまともな施設はほとんどありませんでした。

いままでは、各地には分散配備されている部隊や兵器を、出動のたびにそのホワイトビーチに運んで積み込んだものです。ヘリコプターは普天間《ふてんま》から、弾薬は嘉手納・知花《ちばな》の弾薬庫から、兵員はシュワブなどのキャンプから運んでくる。それではじめて出動できるわけですから、当然、かなりの時間と手間がかかりました。

今度の辺野古新基地は、出撃に必要な部隊も兵器もすべて集中配備され、必要な万全の準備を整えた強力な海兵隊出撃基地になります。強襲揚陸艦のためにも、四万トン級の大型艦が横付けできる護岸が設計されています。部隊もオスプレイもこの基地にあり、積み荷の施設も完備しています。弾薬を積み込む「弾薬エリア」も新設されることになっています。これが完成すれば、これまでよりはるかに高度の機動力をもった巨大な出撃基地が、沖縄に新たに出現することになります。

このように、米軍が狙っているのは、普天間からの移転といったなまやさしいものではなく、文字通り、殴り込み部隊・海兵隊の最新鋭・最強の出撃基地の建設なのです。

沖縄基地永久化の基盤づくり

二番目の、さらに大きな問題は、新基地の建設が、沖縄の基地体制を永久化する基盤づくりという意味をもつ、ということです。

この基地を受け入れるかどうかが問題になったときに、沖縄でも、二〇年ぐらいならいいのではとか、その期限をめぐって、いろいろな議論があったと聞きました。しかし、アメリカは、初めから、この巨大基地を、そんな短い尺度では考えていませんでした。

ここに、新たな辺野古基地の建設について、アメリカ国防総省がつくった設計書をもってきました（**次ページの写真**）。一九九七年九月三日の日付があります。題は「日本国沖縄における普天間海兵隊航空基地の移設のための国防総省の運用条件及び運用構想」です。まさにいま、この設計書にそって、建設のプランが立てられ、埋め立てなどの工事が進行しているのです。

この設計書には、たいへんなことが書いてあります。そこに「海上施設の耐久性と維持」という章があります。どれぐらい長期に使える基地をつくるか、についての方針です。最初に「General」、つまり「基本方針」という項目があって、その冒頭に、ずばりこう書いてあります。

「海上施設およびすべての関連構造物は、四〇年の運用年数と二〇〇年の耐用年数を持つようにする」。

これらの言葉についての国防総省の定義は知りませんが、「運用年数」というのは、現在の作戦計画に応じて運用する、基地の機能にかかわるものだと思います。戦略方針が変わったり新しい兵器が採用されたりすれば、運用の仕方は変わりますから、これは比較的短い期間が採用されているのでしょう。それでも四〇年というのは長いのですが、もっと重大なのは、次の「耐用年数」です。これは、基地全体の土台や骨格にかかわることでしょう。つまり、運用計画にかかわる部分は四〇年もつことを基準にして建設するが、土台や骨格の部分は二〇〇年はもつものをつくる、ということです。こういうことが、国防総省の設計書に明記されているのです。

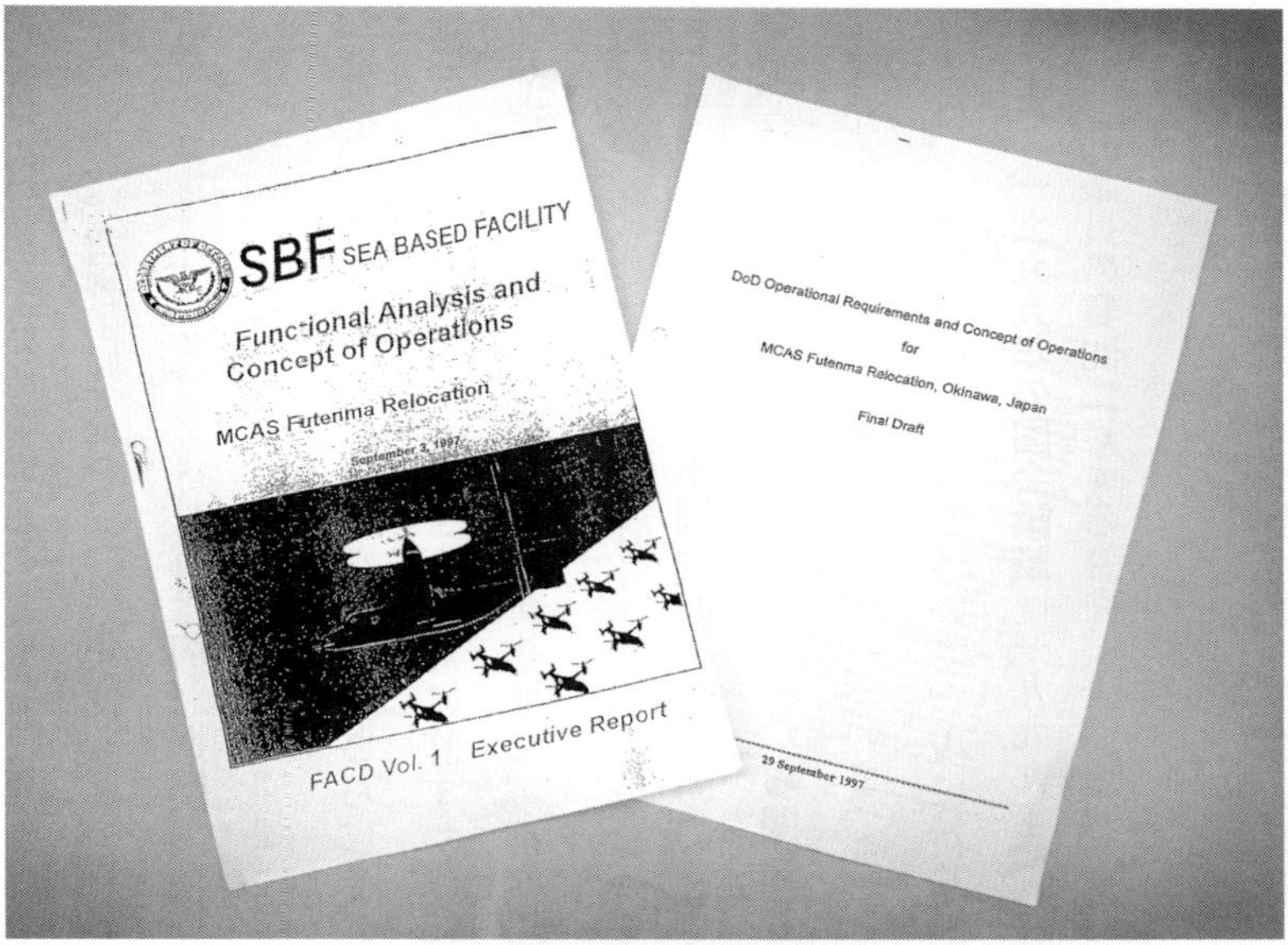

国防総省の〝設計書〟

これは、アメリカの国防総省が、完成後二〇〇年居座るつもりで、いま、辺野古新基地の建設を進めている、ということです。

だいたい、外国の領土を自分の基地にして、そこを二〇〇年もの期間、占領し続けるということを考えた政府は、世界に例がありません。帝国主義が横暴を極めた時代でも、外国から借りる租借地《そしゃくち》には、九九年という期限をつけるのが、普通のやり方でした。それを、戦後、沖縄に勝手に基地をつくり、七〇数年も横暴に使いつづけた上で、さらに二〇〇年使うつもりで、新基地の建設を始めているのです。

だいたい辺野古基地を二〇〇年使うということは、辺野古だけの問題ではありません。沖縄の基地全体を、アメリカは同じ期間、使うつもりでいるということです。二〇〇年というと、二三世紀に入ります。戦後、沖縄に勝手に基地をつくり、これまで七〇年間、横暴な基地支配をつづけてきながら、さらにその支配を二〇〇年、子子孫孫まで続けようとする。こんな無法な計画を、絶対に許すわけにはゆかないではありませんか。**（拍手）**

しかも、アメリカは、その新基地を、日本国民の税金でつくろうとしているのです。

私たちはこの資料を最初に手に入れたときに、「これを知っているか」と政府に質問しました。一九九九年、小渕内閣の時代のことです。政府は「報道で承知している」と答えながら、「アメリカの内部文書」だから関知しない、確認するつもりもない、との無責任な答弁をしました［★］。しかし、いまでは、そんなことでは、済まないでしょう。アメリカは、この設計書にもとづいて、現に新基地の建設を始めているのですから。

★ **一九九九年の国会論議**　一九九九年一二月八日、参議院予算委員会での日本共産党笠井亮議員の質問に対する答弁。

私はいま、聞きたいと思っていることがあります。仲井眞《なかいま》前知事は、辺野古埋め立て工事の承認書に署名しました。いったいその時、それが二〇〇年の寿命を持つ基地の建設だということを承知のうえでサインしたのか。

また、安倍首相は、〝あくまで基地建設の方針は変えない〟と言っているが、これが耐用年数二〇〇年の基地づくりだということを承知のうえで、建設を強行しようというのか。

承知の上でやっているというのなら、まさにそれは、日本の領土を半永久的にアメリカに売り渡すということではありませんか。（**「そうだ」の声、拍手**）

知らなかったというのなら、建設の方針をただちに取り消すべきではありませんか（**大きな拍手**）。私は、ここには沖縄にとって、日本にとって、きわめて重大な危険があるということを強調したいのです。

ウソで固めた基地合理化論

安倍政権は、自分たちの立場を合理化するために、それこそウソで固めた議論をあれこれ展開しています。

「基地は日本と沖縄の安全のためだ」。これは、彼らの決まり文句です。しかし、アメリカの国防長官も言っているではありませんか。〝日本を守る部隊は一兵もいない〟。沖縄を守る部隊は一兵もいない〟。海兵隊の名称をごらんなさい。「遠征軍」、〝殴り込み部隊〟そのものです。しかも、核戦争の時には「捨て石」にされる最前線基地なのです。何が〝沖縄のため〟ですか。

「基地を分散する」といいます。しかし、殴り込み部隊が、沖縄の内部でも、あちこちに分散していたのでは困るから、辺野古に部隊と装備を集中させる、海兵隊そのものも、オスプレイの部隊も、弾薬庫も、軍艦も飛行機も全部新基地に集めよう、こうしているのではありませんか。「遠征軍」は、分散していたのでは意味がないのです。

では、「分散」ということで、いまなにをしているのか。沖縄の海兵隊が、日本の本土を自分の演習場として自由勝手に使っているだけです。私の家は、富士山に比較的近いところにありますが、世界遺産の富士のふもとで海兵隊は平気で砲撃演習をやります。

この〝殴り込み部隊〟は、世界中、いろんなところに出てゆきます。その訓練のためには、沖縄の地形での訓練では、足りないのです。本土には、高い山もあれば平野もあり、いろいろ入りくんだ地形もある。〝殴り込み部隊〟がどんな地形のところでも効果的に戦えるように、日本の本土全体を沖縄の海兵隊の訓練場にしたい。これが「基地分散」なるものの本当の狙い、彼らの本音なのです。

「基地は沖縄経済に役立つ」、こんなことも言います。しかし、みなさん。代執行訴訟で翁長知事が述べた陳述書をごらんなさい。「米軍基地の存在はいまや沖縄経済発展の最大の阻害要因になっている」。**（拍手）**

まさにどんな詭弁《きべん》を持ってしても、米軍基地の存続を認めるわけにはゆきません。しかし、なかでも、絶対に許すわけにいかないのが、辺野古の新基地であります。**（拍手）**

第四の問題　闘争の展望はどこにあるか

最後の問題になります。闘争の展望はどうか。

一九七二年の本土復帰は「革新沖縄」の団結で勝ち取ったものです。いまは、保守・革新の壁を超えた「オール沖縄」の団結があります。復帰闘争当時とくらべても、はるかに強い力です。

実際には、アメリカの基地は、基地にたいする敵意に包まれているところでは危なくて役に立たないのです。だから昔は、アメリカ軍もよく基地の周りで実態調査をやって、その状況を問題にしました。ところがいまはどうか。みなさんがいくら反対しても、日本政府が大丈夫、うまく収まるといってなだめ役に回っています。

一昨年一二月に、自衛隊の統合幕僚長が交代して、新任の人物がアメリカを訪問しました。その時の記録が手に入りました。

この統合幕僚長がワーク国防副長官に会った。〝心配ないですよ。沖縄がどうだろうと、政府の方針は変わりません〟。平気でこういうことを言っている。また、ダンフォードという海兵隊司令官とも会いました。〝知事選の時には、いろいろ配慮していただきありがたい〟。知事選の時に配慮してもらったお礼から話が始まるんですよ。続いて〝しかし、結果として、普天間移設反対の知事が就任したが〟と言ったうえで、〝辺野古への移設問題は政治レベルの議論であるので方針の変更はないという認識である。安倍政権は強力に推進します〟と断言。それから〝実際に共同使用が実現して、アメリカの海兵隊と陸上自衛隊が辺野古で協力するようになれば、沖縄の住民感情も好転しますよ〟、こういうことを言っているのです。(「**ナンセンス**」**の声**)

日本政府のこういう態度にくらべれば、アメリカ議会の方がもっとまじめです。基地の問題を考えたときに、軍事基地の必要性だけでなしに、政治的に受け入れられているかどうか、「政治的受容性」と言いますが、このことを考えるということが、基本になっている(**拍手**)。いまでも、米軍基地が沖縄県民に受け入れられているかどうかの研究は、アメリカ議会の方が熱心で、沖縄の状態を心配した文書もたくさんあります。

実際、その地域の住民の反対の意思で包囲された基地は、現実の戦争では使い物にならないのです。

近くの例でいえば、フィリピンをごらんなさい。

フィリピンには一〇〇年来の米軍基地がありました。スービックの海軍基地、アメリカとスペインの戦争でアメリカが勝った一八九八年以来、この海軍基地はアメリカのものとなりました。クラークの空軍基地、ここは、一九〇三年以来、アメリカが使ってきました。第二次世界大戦中には日本が占領しましたが、戦後、また、米軍基地が復活しました。それからずっとアメリカが握り続けてきたのです。フィリピンの政府は、一九八六年まではマルコス親米政権でした。しかし八三年に、亡命していたアキノという政治家がフィリピンに帰ってきたのです。これはたいへんだというので、暗殺者が、彼を帰ってきたその空港で射殺しました。そのことに怒って、フィリピンの民衆が立ちあがったのです。三年後には首都マニラで一〇〇万人の民衆デモがおこなわれました。こうして無血の革命でマルコス政権が倒され、暗殺されたアキノ氏の夫人（コラソン・アキノ）が大統領になって、新政権ができました。新しい憲法をつくって、「外国軍基地を原則禁止する」という条項を持った。**（拍手）**

まだアメリカ軍の駐留条約は残っていたので、アメリカは交渉しながらがんばっていましたが、しかしその条約も九一年九月一七日に期限が切れました。それを存続させる新条約の企てもありましたが、結局、フィリピンの上院が基地存続条約の批准を拒否し、翌九二年までに、アメリカが一〇〇年近くにぎってきたスービック海軍基地とクラーク空軍基地からの米軍の撤退が完了したのです。

それで、アメリカとフィリピンの関係は悪化したでしょうか。悪化していないのです。きちんとした友好関係を維持し、防衛条約も結んでいます。そしていま、フィリピンを含めた東南アジアが、以前は、ベトナム戦争で敵味方になった地域ですが、あらゆる問題を平和的に解決しよう、という取り組みをして、まさに平和の地域共同体に変わりました。これが日本のすぐ隣のフィリピンで起きたことです。

ドイツでもフィリピンでも、事態を動かしたのは国民の声です。ドイツではその声が、キリスト教民主同盟の政府を動かして、地位協定の大改定をかちとり、フィリピンでは、政権の交代を実現して、米軍基地の撤退をかちとったのです。

沖縄の前途の問題でも、沖縄の声、日本の国民の声がまさに決定的であります。

沖縄と本土のたたかいが大きく合流しつつある

ここで報告したいのは、「オール沖縄」の共闘を実現したみなさん方のたたかいが、本土の勢力を大いに励ましたことです。昨年、戦争法反対で市民、学生が立ち上がりました。その市民の声に押されながら、戦争法案の国会審議にあたって、五つの野党が団結して最後までたたかいました。

市民と五野党の共闘ができたのです。私たち日本共産党は、戦争法廃止をめざして五野党のこの共闘を続けようという提案を、戦争法が通ったすぐ後におこないました。それが、「国民連合政府」の提案でした。

政党間ではいろいろないきさつがあります。しかしみなさん、「野党は共闘」という市民の声が大きな力になって、今年の二月一九日、五野党が共闘の協定を結びました（**拍手**）。そして、来るべき参院選を、政権勢力に対して、五つの野党と市民諸団体が共同でたたかうという体制がいま生まれつつあります（**拍手**）。これは本土の政治史のなかで初めてのことです。

いま、日本の社会が変わりつつあります。若い人たちも変わってきました。いろいろな集会で、これまでそういう場で発言したことがなかったような人も出てきて次々と発言する。しかし、いままでそういう人たちがなぜ出てこなかったのか。このことについて、若い人たち自身が言うのです。〝これまでは他人事《ひとごと》だと思っていたが、それはちがってい た。私たちは主権者の一人として、政治を動かす主役なんだ。その自覚を持つようになった。みんなその自覚を持つようになってほしい〟。その声がいたるところで上がるのです。こういう空気は、一九六〇年の安保改定反対闘争の時にはなかったものです。

私は、日本の社会が、まだ第一歩ですけれども、大きく変わり始めたという実感を持っています。それには、みなさんの「オール沖縄」のたたかいが、大きな推進力になったということをもう一度言いたいと思います。（拍手）

そしていま、辺野古新基地建設反対の沖縄のたたかいと戦争法反対の本土でのたたかいが、大きく合流しはじめた。このこともぜひ報告したいことであります。（拍手）

この二月二一日、沖縄問題で中央の大集会がありました。「止めよう辺野古埋め立て」。このスローガンで国会を大包囲する集会で、二万八千人が集まりました。（拍手）

それからいま、中央の協定に呼応して、各地で選挙協定を結んでいますが、たとえば宮城県では、この三月二日、民主党と共産党が六項目の政策協定で合意しました。

その内容は、①安保法制の廃止、②アベノミクスの格差是正、③原発依存脱却、④不公

不破哲三氏の講演に拍手する人たち
＝2016年3月16日、那覇市

平税制廃止、に続いて、⑤「民意を踏みにじって進められる米軍辺野古新基地建設に反対する」（**拍手**）、最後が、⑥安倍政権打倒、です。

このように、本土での共闘、「オール日本」の共闘の中にも、辺野古の問題が共闘の主題として、深く入りつつあります。（**拍手**）

沖縄県民こそ沖縄の主人公、日本国民こそ日本の主人公。この主人公が不屈の意思を固めたときに、誰もその前途を阻むことができないのです（**拍手**）。祖国復帰に続く歴史的大闘争の勝利をめざして全力をあげようではありませんか。

私は、この勝利は必ず、基地のない沖縄の実現への新しい段階、新しい局面を拓いてゆくものと確信しています。（**拍手**）

日本の国民の手には切り札がある

相手は頑強だというかもしれません。しかし、日本国民はどんな頑強な相手でも打ち破れる決定的な切り札を持っています。実はその切り札が日米安保条約そのもののなかにあります。安保条約の第十条［★］です。

〝この条約が十年間効力を存続した後は、いずれの締約国も――これは、アメリカも日本も、ということです――、他方の締約国に対してその条約を終了させると通告することができ、その場合は、そのような通告が行われた後一年で終了する〟。（**拍手**）

現在の安保条約が発効したのは一九六〇年六月です。ですから、「この条約が一〇年間効力が存続した」というのは、一九七〇年六月です。それ以後は、どちらかの政府がもういらないと決めたら、交渉しなくていいのです。相手に通告するだけで、一年たったら、基地は全部なくなり、米軍は撤退する。こういう取り決めがあるのです。（**拍手**）

★ **日米安保条約の廃棄条項**　条約第十条の全文は次の通りです。

「第十条　この条約は、日本区域における国際の平和及び安全の維持のため十分な定めをする国際連合の措置が効力を生じたと日本国政府及びアメリカ合衆国政府が認める時まで効力を有する。

もっとも、この条約が十年間効力を存続した後は、いずれの締約国も、他方の締約国に対しこの条約を終了させる意思を通告することができ、その場合には、この条約は、そのような通告が行なわれた後一年で終了する」。

いま本土でも沖縄でも、一つの基地を撤去するのにも大変な力がいります。アメリカが同意しないとできないからです。同意させるには、大変な力がいる。しかし、すべての基地をなくすのなら、日本側の意思だけでできるのです。日本の国民が決めたらできるのです。フィリピンがやったように、そうなったらアメリカがいくらじたばたしても、米軍は撤退せざるを得ないし、撤退した後も、外交ではいい関係を続けざるを得ないのです。日本の政府と対等平等の友好条約を結ぶ、そういう展望が開けるのです。

私は、いま辺野古新基地建設反対で立ち上がっている沖縄のみなさんの中にも、戦争法廃止の声を上げている日本全国のみなさんの中にも、安保条約の問題ではいろいろな意見があることは承知しています。しかし、自分たちがこういう切り札をもっているということ、そのことはぜひ、きちんと胸に刻んでいただきたいと思います。（**拍手**）

沖縄と日本の未来を切り開くたたかいの展望の中では、この切り札が決定的な意味を持つ日が必ず来る、私は、このことを確信しているのであります。（**拍手**）

みなさん、ともに力を合わせ、沖縄の辺野古新基地建設を絶対に許さないためにたたかい抜こうではありませんか（**拍手、指笛**）。懐かしい指笛を聞きました。大変ありがとうございます。（**拍手**）